AF509742

PRÉCIS

D'UNE intention proposée pour l'embellissement du Bois de Boulogne, en réalisant le prix de sa valeur dans la vente des Biens nationaux.

IL est incontestable 1°. que cette propriété ne produit pas même l'équivalent des dépenses qu'elle occasionne pour l'entretien de ses clôtures, maisons de portiers, inspecteurs & gardes ; gages, livrées, droits de Maîtrise des Eaux & Forêts, pâlis des nouvelles plantations, &c.

2°. Qu'en général, le Bois est en mauvais état, & qu'il y a tant de clairieres, qu'à peine y trouve-t-on quatre toises quarrées d'ombrage non interrompu, & que la vue pénetre depuis les routes jusqu'à une très-grande diſtance dans les intervalles.

3°. Il reſte peu de grands arbres plantés d'alignement ſur les routes : la plûpart ſont nues & réduites à des liſieres de taillis.

Par conſéquent le Bois de Boulogne eſt à peu près dans le même état où étoient les Champs-Eliſées, lorſque la néceſſité a contraint de les replanter pour en rendre la jouiſſance vériablement agréable au pu-blic.

Mais ſi on vouloit employer le même procédé pour la régénération du Bois de Boulogne, cette dépenſe, avec celle des pâlis, monteroit à plus d'un million, dont l'intérêt de 50,000 livres perdu pendant vingt ans, ajouteroit un autre million à la premiere dépenſe, avant de pouvoir jouir d'une coupe réglée qui ne rendroit pas deux pour cent de rente ; & qui ſeroit abſorbée par les frais indiqués dans le premier article. D'ailleurs, non ſeulement le public perdroit toute cette jouiſſance pendant bien des années ; mais les routes ne ſeroient encore bordées que par des liſieres de taillis, qui

(5)

disparoîtroient fucceffivement aux époques
des coupes réglées.

D'après ces confidérations , il s'agit
maintenant de concilier les intérêts du
Tréfor national , avec les convenances
publiques ; en faifant une opération qui tranf-
formeroit le Bois de Boulogne en un nouveau plan varié à l'infini dans fes afpects ;
& même , par des effets beaucoup plus
prompts que n'a été l'attente de la fuperbe
promenade des Champs-Elyfées , dont le
projet de régénération a autant fait crier la
multitude , qui lui étoit contraire , que fon
exécution lui a mérité d'éloges immédia-
tement après le travail fini ; par la raifon ,
qu'une infinité de perfonnes font dominées
par l'égoïfme dans leurs jouiffances d'habi-
tudes ; fans égard pour ce qui feroit mieux
en faveur de leurs fucceffeurs ; & que d'autres ne prévoyent pas les effets qui doivent
réfulter d'un plan.

Celui dont il s'agit pour le Bois de Boulogne a éprouvé , de plus , les contradic-
tions d'un Miniftre de l'ancien gouverne-

ment, parce qu'il auroit détruit une partie de la Capitainerie qu'il venoit d'obtenir ; ainſi que les places à ſa nomination, déjà données à ſes créatures, qui, de leur côté, publioient des abſurdités ſur l'intention de ce projet, afin d'étouffer la voix de ceux qui avoient la conviction, que les cens annuels avec les lods & vente produiroient au Domaine royal plus de 150,000 livres de revenu net, non compris l'économie des entretiens ; & que le public en auroit été très-content, d'après la ſeule connoiſſance des détails; ſi l'autorité menaçante de ce Miniſtre n'en eût empêché l'impreſſion.

Mais comme cette propriété eſt maintenant au nombre de celles qui compoſent les biens nationaux à vendre , pour éviter des dépenſes de nouvelles plantations qui équivandroient à la valeur du ſol ; & que l'aliénation pure & ſimple détruiroit toute eſpece de promenade, dont la privation ſeroit alors une perte réelle pour les Citoyens de Paris; il devient ſans doute intéreſſant de leur faire connoître la poſſibilité de convertir ce Bois en un capital précieux ; & de créer auſſi

fur le même fond, un des plus beaux embel-
liffemens que l'on puiffe faire aux portes de
la Ville, en le confacrant à la jouiffance
de fes habitans ; fauf à faire naître encore
par la publicité du programme de ce projet,
de nouvelles idées qui ajouteroient à fon
mérite, & c'eft particuliérement le but que
l'Auteur s'eft propofé.

DÉTAIL DE CE PLAN.

Il ne s'agit donc pas de couper le Bois
de Boulogne, ni de priver le Public de
cette jouiffance ; *au contraire*, l'objet que
que l'on fe propofe, c'eft d'en faire une
fuperbe Forêt, percée de routes & de
carrefours, plantés de quatre rangs d'arbres, donnant plus de fept lieues de promenades, dont les intervalles compofe-
roient environ deux cens parcs, ou jardins, qui ne feroient fermés, du côté
des routes, que par des grilles ou des foffés
en maçonnerie ; de maniere que le Public
puiffe voir les tableaux variés de leurs
plantations, dont l'idée, en très - petit,

(mais infiniment agréable) se présente aux Champs-Elisées par l'aspect des jardins du Fauxbourg-Saint-Honoré ; ensorte que les bâtimens d'habitation des Propriétaires ne s'appercevroient que comme perspective dans une Forêt, puisqu'ils pourroient, en quelque sorte, se perdre au milieu des dispositions champêtres adoptées pour l'ordonnance actuelle des parcs & jardins ; & cet apperçu se justifie par les articles ci-après, qui déterminent aussi les clauses sous lesquelles se feroient ces aliénations.

ARTICLE PREMIER.

A l'époque de 1788, un des Ministres du Roi, ayant desiré avoir la preuve que ce projet pouvoit s'exécuter en peu de temps, par des Souscripteurs qui voudroient s'y engager, chacun en ce qui concerneroit sa concession ; à peine les plans furent-ils communiqués à un petit nombre de personnes, que, dans l'espace de quarante-huit heures, l'affluence a produit plus de trois cens foumiſſions, dont les demandes formoient enſemble environ un quart au-delà de l'étendue du Bois de Boulogne, ſous la condition expreſſe de ſe clorre, & de planter les routes dans la premiere année de la propriété, ainſi que de payer un cens annuel de ſix deniers par toiſe portant lods & vente, & c'eſt alors qu'un Miniſtre, ayant cette Capitainerie, s'oppoſa aux moyens d'exécution, ne voulant pas même entendre ce qui, à la vérité, lui auroit prouvé que ſon intérêt perſonnel lui faiſoit ſacrifier 150,000 livres de rente au profit du Domaine royal, en donnant encore au Public de Paris une des plus belles promenades poſſibles.

I I.

Le nouveau Plan conſerve le bois qui eſt ſur pied, comme devant être eſſentiellement avantageux aux nouvelles diſpoſitions pour former les parcs & jardins diviſés dans les intervalles des routes.

A 4

I I I.

Le centre du Plan indique un grand carrefour d'environ vingt arpens, au milieu duquel fera un jardin public de feize arpens, fermé par un canal de foixante pieds de largeur, fur quatre cens cinquante toifes de circonférence, bordé d'une route circulaire de cent vingt pieds de large, avec quatre rangs d'arbres ; &, au milieu de ce jardin, il fera conftruit un falon de foixante pieds de diametre, percé de feize croifées correfpondantes à l'alignement de feize routes aboutiffantes au carrefour, formant enfemble plus de cinq lieues de promenades publique , non compris les autres routes tranfverfales.

L'intention du falon eft deftinée pour le point de réunion de la promenade ; & le foubaffement, pour un fuperbe café : il fera auffi érigé, dans les acceffoires du carrefour, une falle de Spectacle , & une de Bals.

I V.

LE Bois de Boulogne fera percé , non-feulement de feize routes arrivantes au jardin public , mais de toutes celles qui feront néceffaires, à raifon de 100 pieds de largeur , plantées de quatre rangs d'arbres , comme les nouveaux boulevards de Paris. A chaque feétion il y aura un carrefour; & leur nombre , joint à celui des routes, formeront enfemble la quantité de 83 , défignés par les noms des Départemens du Royaume , au moyen d'un obélifque triangulaire érigé à chaque entrée , ainfi qu'au milieu des carrefours , portant pour premiere infcription le nom du Département, orienté fur le méridien de Paris ; au-deffous , celui de la Ville où fe tient l'Affemblée de fon Adminiftration , & fucceffivement les noms des autres villes qui font fituées fur le chemin avec leur diftance de Paris.

Lorfque la ville du Département avoifinera un port de mer , ou une frontiere de pays étrangers , les indications de la route qui y conduit feront continuées.

Et , fur les deux autres faces de l'obélifque , feront auffi gravés les noms des Diftricts , avec leur diftance de Paris & de la ville principale de leur Département ; enforte que cette difpofition fera un monument confacré à la nouvelle divifion du Royaume , & facilitera , par l'habitude de la promenade , les moyens de fubftituer dans la mémoire la Géographie actuelle de la France , à la place de l'ancienne ; objet d'autant plus convenable , qu'il eft préférable , fans doute, de choifir des noms pour l'indication de ce plan , qui fixent des connoiffances utiles & néceffaires , au lieu d'en prendre d'autres qui ne fignifieroient rien , tels que ceux des rues des villes & des routes de chaffes dans les forêts.

V.

Chaque Acquéreur d'une portion du

Bois de Boulogne ne pourra posséder moins de quatre arpens dans le même enclos, excepté quelques parties qui seront choisies pour des marchands & ouvriers nécessaires : *cette clause sera de rigueur*, pour éviter que jamais cette superficie ne puisse devenir une ville, ni même l'apparence d'un Bourg ; l'intention absolue doit être de la conserver sous l'aspect d'une forêt ; puisque, non compris le bois des Parcs d'environ deux cens maisons de plaisance, les routes & carrefours seront formés par plus de 30,000 pieds de grands arbres.

V I.

LA premiere clause portera, que nul Acquéreur ne pourra se clorre du côté des routes & carrefours que par des grilles, ou fossés revêtus de maçonnerie jusqu'à hauteur d'appui le long des contre-allées, afin que le Public, se promenant en voiture & à pied, puisse voir les différens effets

champêtres de l'intérieur des parcs & jardins.

On conçoit que les foſſés de clôtures
peuvent encore être faits en pente douce
du côté de la propriété , qui ſe cultiveroit
juſqu'au pied du mur , qui , alors ſeroit
conſtruit en contrebas de la route , au
lieu de la maſquer par une conſtruction
de mur ordinaire ; d'ailleurs , le Propriétaire y gagneroit lui - même la vue exté-
rieure , ainſi que l'agrément d'étendre,
en apparence , les limites de ſa propriété.

La ſeconde clauſe établira l'obligation de
planter ſa portion de route & de ſe clorre
dans le terme d'un an du jour de l'acquiſition.

Et la troiſieme , que chaque propriétaire
payera la moitié de la plantation de la
route qui bordera ſa poſſeſſion , ainſi que
l'arrangement de la voie publique ; parce
que ſon voiſin , du côté oppoſé , ſera chargé
de l'autre moitié : ces deux objets ſeront
donnés à l'entrepriſe, la premiere année par
adjudication , qui ſera concertée avec les
Propriétaires réunis , ou appellés par le

Commiffaire chargé de veiller à l'exécution du projet, afin qu'il y ait une uniformité nécessaire dans la confection du plan général.

Il eft encore effentiel d'obferver 1°. qu'il eft poffible de tirer une très-grande quantité d'eau par l'effet des pompes à feu de Chaillot ; finon, un Entrepreuneur fe chargera, d'après les foufcriptions des Propriétaires, d'établir une machine fur la riviere, qui, de même, porteroit l'eau dans toutes les habitations.

2°. Le Bois de Boulogne fera renfermé dans fes murs tels qu'ils font ; & l'entretien de cette clôture actuelle fera alors à la charge de chaque Propriétaire, dans l'étendue qui lui appartiendra ; fauf la liberté, par lui, d'y fubftituer des grilles ou foffes.

3°. Par la difpofition du précédent article, il fera facile de pourvoir à la garde de toutes les propriétés, en y employant une Brigade de Maréchauffée établie *ad hoc*, dont la répartition feroit infenfible fur chacune.

4°. Les routes seront plantées, partie en tilleuls, pour accélérer la verdure nécessaire à la promenade du printems ; un grand nombre en ormes ; & une troisieme partie en sorbiers des oiseaux, à cause du fruit de cet arbre qui pare les promenades de l'automne & même de l'hiver.

Il résulte de ces dispositions, qu'en considérant encore l'intelligence avec laquelle on est parvenu à créer des jardins superbes par des plants touffus, qui donnent le plus bel ombrage en quelques années ; on se persuadera que, dans quatre ans, le Bois de Boulogne seroit l'objet le plus étonnant par ses beautés, sous tous les points de vues ; & cette vérité a été d'autant mieux saisie, que, si le projet est agréé, il y aura concurrence de la part d'un assez grand nombre d'étrangers qui viennent fréquemment à Paris ; en ce que, ces sortes de jouissances peuvent être considérées comme une bague au doigt, d'autant plus agréable qu'elle n'exige pas une grande dépense, & que, d'ailleurs, il fera facile de les revendre à quantité de Citoyens, très-intéressés à avoir des maisons de campagne qui ne les éloignent pas de leurs affaires, & où ils puissent aller le soir, en se procurant encore l'avantage d'un exercice salutaire par cette promenade.